XINJIAJU ZHUANGXIU YU
RUANZHUANG SHEJI
ZHONGSHI KETING

新家居装修与软装设计

中 式 客 厅

叶 斌 /著

U0370426

海峡出版发行集团 | 福建科学技术出版社
THE STRAITS PUBLISHING & DISTRIBUTING GROUP | FUJIAN SCIENCE & TECHNOLOGY PUBLISHING HOUSE

图书在版编目（CIP）数据

新家居装修与软装设计. 中式客厅 / 叶斌著. —福州：福建科学技术出版社，2016.10
ISBN 978-7-5335-5151-3

Ⅰ.①新… Ⅱ.①叶… Ⅲ.①客厅 – 室内装饰设计 – 图集 Ⅳ.①TU241-64

中国版本图书馆CIP数据核字（2016）第236215号

书　　名　新家居装修与软装设计　中式客厅
著　　者　叶斌
出版发行　海峡出版发行集团
　　　　　福建科学技术出版社
社　　址　福州市东水路76号（邮编350001）
网　　址　www.fjstp.com
经　　销　福建新华发行（集团）有限责任公司
印　　刷　福建彩色印刷有限公司
开　　本　889毫米×1194毫米　1/16
印　　张　6
图　　文　96码
版　　次　2016年10月第1版
印　　次　2016年10月第1次印刷
书　　号　ISBN 978-7-5335-5151-3
定　　价　35.00元
书中如有印装质量问题，可直接向本社调换

目 录

1 樱桃木饰面板　2 波斯灰大理石　3 麻布壁纸　4 仿大理石瓷砖　5 柚木地板　6 红胡桃木饰面板　7 莎安娜米黄大理石　8 榆木地板

软装设计篇

软装饰设计主要表现手法

对比与呼应：对比是把两种方圆、大小、深浅等明显对立的软装饰元素放在同一空间中，经过设计，使其既对立又协调，获得鲜明形象性，求得互补和满意的效果。

均衡与对称：对称与均衡是指软装饰品可同形不同质感，或同形同质感不同色彩，在形、色、光、质等方面进行等同的量与数的均衡。

和谐与层次：和谐是指软装饰品从造型、材料质感、色调、风格式样上多方面的和谐，令人们在视觉和心理上获得平静与满足。层次的变化是指软装饰品其色彩从冷到暖、明度从亮到暗、纹理从复杂到简单等，借此手法展现丰富的陈设效果。

重复与渐变：重复是将相同的物件，比如乐器、扇子、瓷盘、鸟笼等，进行大小疏密的排列；渐变是指色彩由明到暗、由暗到明，线型由粗到细、由细到粗等。此种手法看似简单，却容易产生节奏，营造出韵味。

①

②

完美的软装饰设计
源于准确的定位

格调定位：软装饰设计之初，先确定软装饰品格调、色彩格调、材质格调、故事格调的定位。

空间构图：包括选择空间的角度，灯光的渲染及空间延续与过渡，空间场景的设计等。

色彩选择：色彩也是比较关键的一环，不同色系之间的选择与搭配，以及几种色彩之间的关联性过渡，都要一一兼顾。

材质挑选：软装饰品的材质决定了软装饰效果的完成度和到位程度。

表现手法：软装饰设计的手法多样，不可照搬套用，要针对空间特点灵活运用。

③

1 水曲柳木地板　2 西班牙米黄大理石　3 雨林啡大理石　4 白枫木格栅　5 皮雕软包　6 麻布软包

新中式风格的软装饰搭配技巧

　　新中式风格将中式古典元素加以提炼、丰富，并将传统与现代相融合，以体现东方式家居风范与传统文化的审美意蕴，例如，简化的明式圈椅、作为隔断用的中式屏风、简洁的博古架等。家具以深色为主，宜选用线条简练但蕴含古典意味的。墙面可装饰水墨画、书法作品。灯具可搭配具有符号意味的中式宫灯。布艺多用丝、纱、棉麻等自然淳朴的材质，红色、黑色、明黄色的靠垫、抱枕即可渲染氛围。陶器、瓷器和各类古玩摆件均是很好的软装饰元素。通常，软装饰的色调在黑、白、灰的基础上用红、黄、蓝、绿作为局部色彩点缀。

◎ 主要装饰材料

1 仿古砖　2 阿曼米黄大理石　3 黑胡桃木饰面板　4 微晶砖　5 植绒壁纸　6 银箔壁纸　7 金线米黄大理石　8 仿古砖

客厅软装饰搭配的视觉设计

客厅的软装饰搭配，首先要做到视觉平衡，比例与色彩不突兀不凌乱，即可保证居室基本的美感。比如浅色和木色作为主色调的空间，宜搭配淡雅的素色装饰，可营造简洁轻松的氛围。有时，颜色的碰撞也能实现视觉平衡，如素色沙发搭配彩色抱枕，深浅色互相映衬，相得益彰。

空间的视觉层次也很重要，色彩的深浅过渡可为空间增添层次感，利用此原理搭配软装饰品能形成很好的视觉效果。空间还应有视觉重心，也就是房间最好有一个出彩的焦点区，这个焦点区可以是一块地毯，也可以是一幅挂画，甚至可以是一张色彩鲜明的几凳。

①浅咖网大理石　②榆木地板　③云朵拉灰大理石　④水曲柳木板条　⑤波斯灰大理石　⑥白榉木饰面板　⑦麻布硬包　⑧榆木地板

①红胡桃木窗棂　②木纹洞石　③肌理漆　④玉石　⑤肌理壁纸　⑥爵士白大理石　⑦釉面砖　⑧砂岩文化石

客厅软装饰摆设有讲究

软装饰摆设不要繁多：软装饰品摆设如果过于繁杂，亮点太多，反而客厅会显得混乱，只要根据空间风格有重点地摆放即可。

沙发采用布艺装点：用一条漂亮的披毯代替把沙发整体覆盖的披巾，保持沙发简单光洁的外观。

少量靠枕腾出沙发空间：如果靠枕阻碍到你舒服地坐在沙发或躺着时，那它显然是太多了。

避免画框太高破坏美感：如果你要抬头欣赏画作，那说明它挂得太高了，最佳的高度是你眼睛的高度。如果在沙发后挂画，保持画框底部距离沙发靠背上沿15厘米。

软装饰设计需要注意细节

软装饰设计要注意细节处理，这往往会影响到居室的整体装饰效果。

孤立的光源：不要单单依靠一种光源，可以将各种的顶灯、地灯还有台灯混合着搭配使用，产生的光源层次和温馨感会吸引人们，容易打造一种亲密的氛围。

过于松散的客厅布局：客厅的家具陈设要利于创造让人亲近的氛围，而过于松散的摆设会使谈话交流的氛围变得尴尬。

被束缚的抱枕：不要用过于作秀的抱枕，以免使客厅抱枕的布局显得过于拘谨和正式。

创新也要适当：不要强硬地去创新，简单的软装饰品搭配也很出色。

1.美尼斯金大理石　2.抛光砖　3.枫木饰面板　4.白桦木饰面板　5.微晶砖　6.白橡木格栅　7.肌理漆　8.布艺硬包

①云朵拉灰大理石　②麻布壁纸　③水曲柳木地板　④深啡网大理石波打线　⑤黑胡桃木窗棂　⑥白橡木饰面板　⑦爵士白大理石

软装饰品搭配巧用色彩

冲突色彩对比搭配：恰当地使用冲突对比色，包括冷暖对比（如红与绿、蓝与橙、黄与紫）、明暗对比、色相对比、饱和度对比、补色对比等，会呈现出强大的视觉感染力，使室内气氛生动活泼。

安全色调任意运用：色系的选择上有几种安全搭配方式是绝不会出错的。比如可以选择单一颜色的搭配，即同一色调下选择不同明暗度和色度混用，或者可以选择色系相近的颜色，避免冲突的产生，营造更为和谐的色彩平衡度。

混合色彩搭配使用：如粉红、粉紫、薄荷绿、粉橙等明艳夺目的色彩，若是混合搭配，即可创造出令人惊艳的梦幻空间。这种夸张的色彩运用在颜色的选择上更为自由、随性，有助于打造出一个潮流的家居软装饰设计。

主题墙颜色搭配知多少

阳光暖意配色：鲜艳的黄色如果配以灰色，会使人心境平和，居住舒适。

动人魅力配色：红色与灰色搭配，在统一的鲜亮色调中加入素雅的暗色色调，会显得格调高雅，在安宁中透露着华丽。

温柔视觉配色：被称为最温柔的搭配是黄色＋茶色，茶色是在黄色或橙色中加入黑色构成的，两者颜色相近，搭配会给人稳定的印象。

绮丽可爱配色：黄绿色年轻、粉红色可爱，两组搭配演示出特有的清新风格。

绿色自然配色：嫩绿色给人清新、青春之感，墨绿色给人稳重、舒心之感。

1 微晶砖　　2 灰镜　　3 实木复合地板　4 锦砖　　5 米黄洞石　　6 云朵拉灰大理石

1 微晶石　　2 白桦木饰面板　　3 爵士白大理石　　4 榆木地板　　5 黑胡桃木饰面板　　6 仿古砖　　7 浅啡网大理石　　8 肌理漆

关于壁纸的观念误区

误区一：壁纸有毒，对人体有害。其实，从目前的生产和工艺看，大多数壁纸不含铅、苯等有害成分。

误区二：贴壁纸脏了也不易打理。其实，壁纸最大的特点就是可随时更新，花不多的钱和时间，改变一下居室环境，无疑是一种精神调节和享受，而且现在的壁纸特别是纤维壁纸非常容易打理，脏了用湿布即可清理，颜色也不会发生变化。

误区三：壁纸易脱落，更新麻烦。其实，这不是壁纸本身的问题，这是粘帖工艺和胶水质量的问题，而且现在许多壁纸揭落后，不损坏底层处理，可直接重新粘帖，施工简单，而且无味。

1 铁刀木饰面板　2 有色乳胶漆　3 灰洞石　4 皮革软包　5 木质拼花地板　6 密度板混油　7 PVC 波浪板　8 实木复合地板

小客厅忌过于单调的布灯

　　客厅虽小，但布灯也不应过于单调，布灯过于单调会使整个空间看起来平淡无奇。小客厅在灯具的选择和设计上应主次分明，主灯以选择造型简单大方的吸顶灯为佳，再配以台灯、壁灯、射灯，可营造良好的空间氛围和视觉上的层次感，同时也要注意各种灯具功能的明确性。无论是什么样的灯具，首要考虑的还是其是否与家居装修风格相搭配协调，而同一空间的多盏灯具，应坚持色彩和谐或样式和谐，否则装修出来的效果往往会达不到预期的效果。

客厅的完美灯光设计法

　　客厅往往有沙发区、视听区、酒柜区、活动区、通道等不同的功能区域，这些区域的灯光独立设计，通过不同的设计手法、明暗处理，营造不同的灯光效果，它们相互呼应并整体协调。将灯光设计在低处，能表现沉稳感。要打造派对的华丽感，可选择从高处投射而下的炫光灯。要表现精品柜、壁画等，需要采用特殊性灯光进行照射。采用暖色灯光作为电视背景墙的灯光，能让室内的气氛升温。用多个小小的壁灯折射在沙发背景墙上，不仅起到了照明的作用，也是一种创意设计。沙发拐角处、案几旁极易形成空白区，如果用一盏造型特别、有个性的台灯或落地灯作为点缀，感觉就会很不一样。

◎ 主要装饰材料

1 文化石壁纸　2 木纹砖　3 沙比利饰面板　4 柚木地板　5 肌理壁纸　6 闪电米黄大理石　7 文化石　8 仿古砖

①沙比利饰面板 　②肌理壁纸 　③微晶石 　④中花白大理石 　⑤大花白大理石 　⑥硅藻泥 　⑦水曲柳木饰面板 　⑧实木拼花地板

灯具的选购细节

1. 灯具悬挂的高度、灯罩、灯球的材质与形式均需小心选择，以免造成令人不舒服的眩光。吊灯悬挂的高度要合适，其最低点应距离地面不小于2.2米，离桌面大约55-60厘米，吊灯安装太低，对人的眼睛会有伤害，或影响人的正常视线，让人感觉到刺眼。可选用有可随意上升、下降装置的灯具，以便利于调整其高度。

2. 购买时选择安装节能灯光源的吊灯，最好选择那些全金属材质内外一致的吊灯，这样可以很好地保证有电镀层的吊灯时间长了不掉色。

3. 最好选择带分控开关的吊灯，如果吊灯的灯头较多，可以局部点亮。

电视背景墙的灯光布置

电视背景墙可以借助光影变幻的效果塑造环境气氛、提供多重空间，灯光布置多以主要饰面的局部照明来处理，还应与该区域的顶面灯光协调。由于电视背景墙是对电视进行衬托与装饰的，而人们在收看电视时，有柔和的反射光作为背景照明就可以了，光线应避免直射电视、音箱，故可以考虑选择一些灯光柔和的壁灯，或者小型的冷光节能灯。如果背景墙是由砖、石材铺饰的，可以在天花板上安装些紧凑型的筒灯进行重点照明，在背景墙面产生一些弧面灯光效果，除了可以将人们的眼球吸引到那里，还可以给居室提供一般照明。

①斑马木饰面板　②金世纪米黄大理石　③肌理漆　④釉面砖　⑤玉石　⑥铁刀木窗根

1 肌理漆　2 木纹洞石　3 有色乳胶漆　4 黑胡桃木格栅　5 浅啡网大理石波打线　6 雅士白大理石　7 灰镜　8 金世纪米黄大理石

沙发背景墙的灯光设计

　　沙发背景墙的灯光设计要根据采用的装饰材料特性以及材料的表面肌理效果，考虑好照明角度，尽可能突出中心，并能通过灯光突出墙面上出彩的装饰设计。同时，考虑到家人常常是在沙发区消遣娱乐的，所以要考虑光线不会对坐在沙发上的人造成眩光与阴影。一般来说我们会摒弃眩目的射灯，而安装装饰性的冷光源灯；如果确实需要射灯来营造气氛，则要注意将光线映射在天花板和墙上，避免直射到沙发上。背阴客厅的沙发背景墙忌用沉闷的色调，可选用浅米黄色面砖，搭配一些浅蓝色的装饰物调试一下，能很好地起到调节光线的作用。

软装设计篇

XINJIAJU ZHUANGXIU YU
RUANZHUANG SHEJI / ZHONGSHI KETING
新家居装修与软装设计 / 中式客厅

窗帘的四季表情

　　根据四季的变化而改变窗帘的色彩，既能体现出四季的情调，又能调节人的情绪。春天可用亮调子的浅色，窗帘选用透明度较高一点的，一方面可让阳光照射进来，室内显得春光明媚；另一方面可透过窗帘观赏春色，使人心情舒畅。夏天最好选用绿色、蓝色等冷色调的，让人一进屋就感觉凉爽，不至于因太热而心情烦躁；窗帘最好是双层的，里层厚，外层薄，既能调节光线，又能调节温度，两层都拉上时可降温。秋天可选用橙色系列、橘红色系列等，一直持续用到冬季。总之，四季最好使用不同的色彩，也可春秋合用或者秋冬合用一套，别忘了窗帘、床套、沙发套等一切软装饰都要配套。

32

◎主要装饰材料

①红胡桃木格栅　②肌理漆　③肌理壁纸　④榆木地板　⑤仿大理石瓷砖　⑥山水纹大理石　⑦柚木饰面板　⑧米黄洞石

④

⑤

⑥

⑦

⑧

1 木纹洞石　2 雅士白大理石　3 仿大理石瓷砖　4 老虎玉大理石　5 铁刀木格栅　6 灰木纹石

新中式风格客厅的窗帘搭配

　　新中式风格客厅的窗帘应充满东方审美韵味，不论是从面料还是花色上，都要始终与客厅整体步调相一致。可以选一些仿丝的材质，仿丝材料不但拥有真丝的质感、垂感和光泽，而且打理起来很方便。中式风格的装修讲究方圆对称，因此窗帘也要选择一些对称设计、帘头比较简单的，而且选一些能够突显出浓郁中国风的图案，然后再加上金色和红色作陪衬，会显得更加的富贵大气。新中式装修选用的窗帘从花色上看往往比较中规中矩，一般是素色布。以暗红、明黄等具有中国特色的颜色为主色调。花型分布比较有规律性，宽宽的竖条图案，满幅的花朵，主要以传统的代表祝福的图案和具象的山水、花草、文字为主。

小客厅巧布窗帘减少压抑感

　　面积不大的客厅，可以用不带楣帘的双裥帘，窗帘的大小应与窗户大小一致，显得利落、清爽；在色彩上应以淡色为主；一般用丝绒、缎、薄绸等具有光泽的材料缝制，以营造大方明亮的视觉效果，增添轻盈、明快的空间气氛。应避免采用长而多褶的落地窗帘，以免让客厅显得拥挤、拖沓。在层高不够的情况下，或是在装修时做了吊顶，都会给人一种压迫感，应选择色彩强烈的竖条图案的窗帘，而且尽量不做帘头，或者采用素色窗帘，也可使用升降帘，都可以让空间显得简洁明快，减少压抑感。

◎ 主要装饰材料

① 金箔壁纸　② 微晶砖　③ 玻璃马赛克腰线　④ 米黄洞石　⑤ 灰网纹大理石　⑥ 新雅米黄大理石　⑦ 麻布软包　⑧ 大理石拼花地板

①仿大理石瓷砖　②硅藻泥　③大花白大理石　④雅士白大理石　⑤微晶石　⑥米黄洞石　⑦麻布硬包　⑧深啡网大理石波打线

如何利用布艺面料柔化家居

布艺面料是居室软装饰的主力，包括窗帘、台布、壁布、床罩、枕套、沙发套和靠垫等，这么多的元素混搭在一起，几乎可以修饰到居室的任何一个角落。多样的图案和色彩不仅具有独特的审美价值，面料的丰富质感更能为居室带来各种感性的装扮。

如果家居空间中存在一些缺陷，或者显得比较冷硬或棱角过多的地方，都可以采用面料装饰来柔化。例如，层高较高的空间易给人空旷冷硬的感觉，使用与墙布同系列同花色的面料做窗帘，沙发尽量使用膨胀感较强的肌理粗犷的面料或绒面面料，可以让大空间迅速变得温暖柔软。如果有带大理石台面的飘窗，可以铺设柔软的坐垫、堆几个舒适的靠包，这个角落就会变得充实而舒适。

①

②

③

④

⑤

①水曲柳木地板　②白橡木饰面板　③抛光砖　④黑金花大理石波打线　⑤微晶砖　⑥灰网纹大理石　⑦实木复合地板　⑧榆木地板

装饰画的搭配技巧

与装修风格统一：装饰画要融合装修的风格，还要与现场的家具进行搭配，甚至连画框的材质与颜色都要与整个观感相协调。

与其他装饰品协调：选好装饰画后，搭配一些比较有新意的装饰品，比如小雕塑、手工饰品等，在细节上与装饰画相呼应，也能达到意想不到的效果。

挂画内容与区域功能符合：客厅应以花鸟画、山水画为主；书房里挂些书法作品则显出文雅之气；厨房、就餐区挂些以蔬菜、瓜果为内容的装饰画能够增强食欲；儿童房里挂卡通画或孩子自己画的画，以激励孩子的自信心。

同一区域配画的风格要一致：同一区域内配画的风格应尽量统一，如同为素描、同为油画、同为摄影作品等；包括装饰画的颜色、画框风格等也要互相协调。

⑦

⑧

地毯带来的舒适体验

　　地毯在软装饰设计中发挥着重要的作用。有时候小小的一块地毯，根据季节的不同更换不同的材质，或绒毛或麻布，就会给空间带来不同的气氛。铺设地毯，令沙发、地毯与地板形成深浅色过渡，还会给空间添加层次感。大面积铺地毯除了可以作为装饰，还能用来区分功能空间，一般常用于客厅和卧室。小地毯造型更多样，比大地毯装饰性强，可放在客厅角落、卧室床边、门口位置等。以环保为主题，编织的布条地毯有一种回归原始的亲切感，缤纷亮丽的色彩，像大自然五颜六色的花草树木，散发浓郁自然气息。纯手工编织的块毯，也可以作为沙发垫，淡雅素净的颜色温馨十足，做工精细，为家居生活增添一份温馨之感。纯棉地毯舒适柔软，透气性好，吸水性强，适用于浴室、浴屏及浴缸前面。

1 木纹洞石　2 绒布软包　3 木纹玉石　4 米黄洞石　5 微晶石　6 微晶石

①白橡木饰面板　②浮雕漆　③铁刀木线条　④实木复合地板　⑤水曲柳木地板　⑥美尼斯金大理石　⑦枫木饰面板

最容易忽略的"魔镜"

镜子在家居装饰中极易被忽略。其实，镜子的外形纷繁多样，也渐趋时尚化，已经成为衬托空间风格必不可少的装饰品。例如，古典雕花镜放在梳妆台上，欧式风格的卧室就更显浪漫高雅。而且，利用镜子作局部的装饰，既是华丽的点缀，也是空间上的反衬。对小居室而言，镜子还可产生空间扩大的感觉。家中狭窄的过道总是让人觉得局促，如果把一面墙壁变成镜子的话，利用镜子的反射作用可让空间感倍增，别致的设计更是让过道成为家中的一道风景。

除了注重镜子的装饰作用之外，还应了解镜子的摆放位置和方式，以免对家人的健康产生不利影响：镜子不宜对着床；不宜放在沙发背后；不宜对着房门；不宜放在厨房；不宜嵌在天花板上；不宜对着书桌。

几枝花卉，美了整个生活

花卉让空间生机盎然、舒适宜人，有烘托环境色彩、调节居室气氛的作用。装饰方法有以下几种：

悬——将盆栽植物、花卉悬吊在室内空间；铺——将花朵或枝条直接摆放在桌面或家具器物上；盛——将花、果、枝叶置放在矮而浅的容器内，按花果枝叶的规律盛放；靠——将花朵枝叶或花卉制品靠贴在装饰物的表面；插——使花朵枝叶站立起来，插在盛器中向空中伸展，可呈现各种姿态。

花卉应根据居室大小、房间的朝向、光照条件来布置，同时也要考虑到花卉本身的色彩、形态，使之与空间、家具物品的色彩相协调，以得到相互衬托、相得益彰的效果。

① 红胡桃木窗棂　② 红胡桃木窗棂　③ 雅士白大理石　④ 砂岩浮雕　⑤ 麻纹壁纸　⑥ PVC 软包　⑦ 仿大理石瓷砖　⑧ 水曲柳指接板

软装饰设计也要健康环保

回避过于花哨的"光污染"：过多的彩色光源会让人眼花缭乱，还会干扰大脑中枢神经，使人头晕目眩、恶心呕吐、失眠等。建议选用柔和的节能灯，既环保，又把"光污染"的影响减少到最小。

不选用释放刺激性气味的家具：购买家具时若有刺激性气味冲鼻、刺眼，说明有害气体释放量较高。应尽量选用不带刺激性气味的环保家具。

木地板选择避污染：实木地板比复合木地板更环保，但有油漆，可能会造成苯污染，所以装修选择原生态的实木地板最健康。

装饰布忌买来就用：家里的窗帘、桌布、沙发套、门帘、地毯这些装饰布艺在生产过程中，常会加入人造树脂等助剂，以及染料、整理剂等，其中含有甲醛，应做适当的处理或清洗后再用。

◎ 主要装饰材料

1 印花灰镜　　2 釉面砖　　3 仿大理石瓷砖　　4 微晶石　　5 深啡网大理石波打线　　6 白橡木饰面板　　7 枫木线条　　8 水曲柳木地板

① 玻化砖

② 金世纪米黄大理石

③ 大理石拼花

④ 浅啡网大理石波打线

⑤ 实木复合地板

⑥ 榆木地板

⑦ 沙比利饰面板

⑧ 仿大理石瓷砖

装修设计篇

新中式风格，现代与传统的交融

新中式风格将现代元素和传统元素完美融合，既能体现中国传统神韵，又具备现代感的新设计、新理念等，所以备受人们青睐。新中式风格继承了唐代、明清时期家居理念的精华，将其中的经典元素提炼并加以丰富，以一种民族特色的标志符号出现，糅合现代西式家居的舒适，根据不同户型的居室采取不同的布置。在传统中式风格中，客厅、厨房、卧室相对独立，而新中式风格借鉴了现代空间布局思想，在空间上强调连贯和渗透。新中式设计讲究线条简单流畅，融合着精雕细琢的意识。中式家具好看不好用，但新中式家具融入了科学的人体工学设计，更具人性化。

⑥

⑦

⑧

①雅士白大理石　②红胡桃木窗棂　③浮雕壁纸　④皮雕软包　⑤米黄洞石　⑥米黄洞石　⑦麻布壁纸　⑧橙皮红大理石

新中式风格包含哪些元素

　　新中式风格家具多以线条简练的明式家具为主，红木家具以及一些红木工艺品等都体现了浓郁的东方之美。传统文化中的象征性元素，如中国结、山水字画、青花瓷、花卉、如意、瑞兽、"回"字纹、波浪形等，常常出现在新中式家具上，但是造型更为简洁流畅。在需要隔绝视线的地方，则使用中式的屏风、窗棂、木门、工艺隔断、简约化的"博古架"等。墙面装饰多采用织物、壁纸、锦砖、仿古瓷砖、大理石等材料。饰品多用瓷器、陶艺、中式窗花、字画、布艺以及具有一定含义的中式古典物品等。

电视背景墙的设计原则

电视背景墙尤如画龙点睛，是整个客厅的亮点。电视背景墙应根据居室整体装修风格与户型的不同及业主的喜好与要求来设计。电视背景墙作为客厅的主风景，一定要贯穿客厅装修的统一风格，可以有特色可以鲜明醒目却不能特立独行。电视背景墙的大小跟客厅的面积有一定比例，与墙体的形状也有关系，大并不代表华丽，大小适中才能提升装修品位。电视背景墙顶部没有必要安装照明设备，尤其是射灯，因电视屏幕散发的光已经很亮，要是再配上射灯易伤害眼睛。电视背景墙和电视的距离不能过近，陶瓷材质还好，要是背景墙材料是木质或是纸质的，就会因为电视辐射出的巨大热量而发黄发黑甚至变形。

①麻布壁纸　②中花白大理石　③金叶米黄大理石　④仿大理石瓷砖　⑤仿大理石瓷砖　⑥仿大理石瓷砖

①肌理壁纸　②木质指接板　③榆木地板　④柚木地板　⑤中花白大理石　⑥米黄洞石　⑦爵士白大理石　⑧铁刀木窗棂

电视背景墙装修注意事项

1. 应该考虑留有壁挂电视的位置及足够的插座，建议暗埋一根较粗的 PVC 管，所有的电线可以通过这根管穿到下方的电视柜（DVD 线、闭路线、VGA 线等）。

2. 沙发位置确定后，确定电视机的位置，再由电视机的大小确定电视背景墙的造型。

3. 要考虑到电视背景墙造型与吊顶的灯具设计相呼应。

4. 造型墙面施工时，应该把地砖的厚度、踢脚线的高度考虑进去，使各个造型协调。如果没有设计有踢脚线，面板、石膏板的安装应该在地砖施工后。

① 新雅米黄大理石　② 麻布软包　③ PVC软包　④ 云朵拉灰大理石　⑤ 枫木格栅　⑥ 有色乳胶漆

如何让客厅主题墙美丽又大方

用乳胶漆、艺术喷涂装饰客厅主题墙，采用不同的颜色形成对比，可打破客厅墙面的单调。壁纸和壁布以其鲜艳的色彩、繁多的品种吸引人们的视线，用其装饰主题墙，能起到很好的点缀效果。木质饰面板花色品种繁多，用作主题墙造型不易与居室内其他木质材料发生冲突，可更好地搭配形成统一的风格。采用玻璃与金属材料装饰主题墙，能给居室带来很强的现代感；如果用的是烤漆玻璃，对于光线不太好的房间还有增强采光的作用。墙艺漆是一种全新的墙面装饰涂料，通过特殊的涂装工艺、专用的模具，可在墙面上做出风格各异的纹理、质感、图案，并拥有奇幻的折光映射效果。

①

富有个性的装饰性主题墙造型

　　想要家居别具一格，其实最简单的方法就是在主题墙面上做造型，一面富有个性的主题墙可以让家居焕发出别具一格的光彩。适合做墙面造型的材料形形色色，品种繁多。依据设计风格，墙面可以局部使用木壁板、水泥板、美耐板、大理石、人造石、仿古岩片、镜子等来做造型，或以门片、窗棂、彩色浮雕、海藻泥、艺术瓷砖、标尺、金箔等来装饰。关键是材料要适量使用，而且要搭配设计，否则只会让家居风格紊乱。原则上，这类装饰性主题墙造型大小绝对不要超过该空间所有墙面的四分之一，否则容易造成视觉上的负担。

◎ 主要装饰材料

①米黄大理石　②密度板通花　③无纺布壁纸　④美尼斯金大理石　⑤大花白大理石　⑥肌理漆　⑦美尼斯金大理石　⑧新雅米黄大理石

①仿大理石瓷砖 ②灰木纹砖 ③榆木地板 ④木纹洞石 ⑤仿大理石瓷砖 ⑥红胡桃木饰面板 ⑦云朵拉灰大理石

⑤

自然又清新的木质背景墙

将木质材料用作家居背景墙造型的人越来越多，因为它的花色品种繁多，有着很好的环保性，达到自然清新、大方美观的装饰效果，与居室内其他木质材料也可更好地搭配形成统一的装修风格。木质饰面板纹理清爽、颜色自然，可以达到实木板的外观效果，造价却远远低于实木板，在日常家居中运用较为广泛。将木地板安装上墙，真实的木质纹理，相对于其他材料便更具观赏性。由于实木地板的变形系数相对较高，因此不建议把实木地板铺在墙面上，而强化复合木地板更适宜用于墙面铺装。木线条质地坚硬，表面经过机械加工处理，耐磨耐腐蚀，一般用作镜框线、墙边线等处，若用作电视背景墙，可进行局部或整体造型设计。

⑥

⑦

沙发背景墙的灯光设计

沙发背景墙的灯光设计要根据整体空间进行艺术构思，根据背景墙的布局形式、墙面材料色彩的搭配来选择光源类型、灯饰造型及配光方式，通过精心的灯光设计来营造出沙发背景墙独特的光影效果。灯光设计原则是不能喧宾夺主，最好能和沙发背景墙的装饰相映成趣，可以利用落地灯、壁灯、射灯等达到照明和装饰的效果。一般来说我们会摒弃眩目的射灯，而安装装饰性的冷光源灯；如果确实需要射灯来营造气氛，则要注意将灯光改射向墙壁，避免直射到沙发上。此外，可以考虑在沙发旁边放置一盏落地灯，这种灯具造型大多不夸张却能为家居塑造美丽的光影空间，它从人身后投下的光方便家人看电视或看书。

◎ 主要装饰材料 ------------●

①铁刀木格栅　②实木复合地板　③斑马木饰面板　④中花白大理石　⑤铁刀木格栅　⑥古堡灰大理石

生动自然的沙发背景墙选材

文化石淳朴淡雅：文化石普遍的材质特点就是淡雅质朴，用作沙发背景墙，能让空间显得靓丽清新。

硅藻泥清新自然：利用硅藻土作为添加剂制成的硅藻泥，是新兴的一种墙面涂装材料，颜色丰富多彩，通过颜色的组合和花纹的采纳，可创造出不同的肌理效果和个性图案。

墙面浮雕华美精致：浮雕背景墙可以以沉积岩、瓷砖、砂岩、象牙等为基材，其精细的图案、突出的立体感不经意间便流露出精致的华美。

屏风式背景，隐约敞亮：屏风作沙发背景的好处就是隔而不断，隐约而敞亮，活动或者镂空的屏风并不会阻碍采光，并能为空间带来十足的线条感，丰满层次。

◎主要装饰材料

①红橡木饰面板　②仿古砖　③玻化砖　④榆木地板　⑤枫木格栅　⑥密度板混油　⑦实木复合地板　⑧密度板通花

①中花白大理石　②微晶砖　③麻布软包　④白橡木饰面板　⑤榉木饰面板　⑥白桦木饰面板　⑦老虎玉大理石　⑧黑胡桃木饰面板

高端大气的沙发背景墙选材

　　木材铺贴典雅大气：使用木框架、木材铺贴可营造古典大气的沙发背景墙，视觉层次整体提升，但不适合大面积铺设。

　　大理石品质雍容：大理石背景墙宛如一件天然独特的艺术品，给人高贵大气的感觉。

　　丝绸软包提升档次：丝绸软包背景墙质地柔软，色彩柔和，造型美观，能够柔化整体空间氛围，其纵深的立体感亦能提升家居档次。

　　金箔手绘高端奢华：金箔手绘背景墙可由9厘米×9厘米的一张张金箔纯手工贴在材质上，再经过几道工序才能绘画的新型手绘背景墙，金属质感是其他材质无法代替的，手绘的画面可以根据需要定制完成。

①山水纹大理石　②榉木饰面板　③绒布软包　④肌理漆　⑤白橡木格栅　⑥水曲柳木地板

艺术性沙发背景墙选材

　　明艳喷涂，色彩艺术：艺术与大胆的色彩运用常常相伴相随，高贵深沉的黑色、明亮张扬的红色、健康成熟的深绿色、清新开阔的蓝色，其实也可以作为沙发背景与墙的喷涂色调，但要注意空间环境的限制和与居室整体格调的协调。

　　手绘背景，吸引眼球：在沙发背景墙可描绘有主题的涂鸦作品，还可以画上奇怪的线条、不规则的形态、莫名奇妙的符号、冲突的色彩等一切你想表达的东西，这样可以带来随意、谐趣与轻松的感受。

　　精美墙贴，时尚便利：与手绘背景墙不同，墙贴的图案是已经设计好并制作成型的，只需要动手贴在墙上即可，选择多样、铺贴便利，比较适合忙碌而追求品位生活的时尚人士。

墙面装修重细节

　　涂漆前的毛坯墙表面应该使用界面剂涂抹，以赋予墙面更强的黏结力、更好的防水性等新特性，使表面产品能与基层墙面结合得更好。墙面漆涂刷如果没有十足把握最好还是请专业油工师傅，为了获得好的效果，墙面漆要保证做二到三遍，而且在油工涂刷墙面漆时最好业主能到现场，指出墙面需要得到的效果和不足的地方。踢脚线是墙壁和地板之间的平衡点，为墙面加上了装饰线之余起保护墙面的作用，所以不应忽略此环节。家里备上锤子、滚筒、毛刷、黏合剂等常用工具，像涂装墙粉刷、壁纸修补、墙砖裂缝等小问题一般业主自己可轻松解决。

①仿大理石瓷砖　②铁刀木窗棂　③仿大理石瓷砖　④黑镜　　⑤仿大理石瓷砖　⑥麻布硬包

①微晶石　②水曲柳木地板　③杉木地板　④榆木地板　⑤仿古砖　⑥肌理壁纸　⑦实木复合地板　⑧黑胡桃木饰面板

小客厅的布置原则

窗帘原则：窗户忌多加装饰，不宜选用厚重的帷幕和笨重的窗帘盒；精致的窗帘杆是不错的选择。

用色原则：厨房、卧室、客厅宜用同样色泽的墙体涂料或壁纸，可使空间显得整洁洗炼。软装饰布艺款式要简洁，色彩宜淡雅，夸张的色彩和设计往往会使狭小的空间显得更加局促。

低度原则：应选用节省空间又别具个性的时尚小家具，因为高大的家具会使空间更显狭小。

精品原则：在选择家具和装饰品的时候，要把握少而精的原则。只有精致，甚至经典，才能经得起长时间、近距离的审美考验。

小客厅放大有技巧

　　客厅小应该首选小型家具，比如选择一套低矮型的沙发，再配上小圆桌和迷你电视柜，客厅空间会显得流畅些，让人感觉空间变大了。家具和配饰在色彩上以淡色为主，并且尽量配套，可以起到放大视野的作用。家居选用器皿要以小件为主，最好是玻璃质地搭配明快的颜色，视觉感受更清凉也更加整洁。小空间的收纳很重要，但过多的开放式收纳会造成拥挤且杂乱无章的感觉，所有家具都应尽量无把手无腿脚，防止裸露过多，最好是采用封闭式收纳和开放式收纳并行。也可以利用一些可折叠的变形家具、各种收纳小配件等，将家居用品归类打包好。如有可能，窗户向外扩散的设计也能起到放大室内空间的效果。

◎ 主要装饰材料

①水曲柳饰面板　②黑胡桃木饰面板　③实木复合地板　④黑胡桃木窗棂　⑤莎安娜米黄大理石　⑥木纹砖　⑦金世纪米黄大理石　⑧米白洞石

①木纹洞石　②浅啡网大理石　③胡桃木格栅　④微晶砖　⑤雅士白大理石　⑥阿曼米黄大理石　⑦抛光砖

小客厅装修应当避免的几种做法

1. 避免色彩过于复杂，以免产生视觉跳跃，从而缺少整体感；也不宜使用暗哑的墙面颜色，应选择明度与纯度都较高的色系，这样感官上会有延展性，就是我们通常所说的"宽敞明亮"。

2. 吊顶不要太复杂，小型吊顶装饰应该成为首选，或者干脆不做吊顶。

3. 划分区域的地面装饰会造成更加曲折的空间结构和衍生出许多的"走廊"，造成视觉的阻碍与空间的浪费，所以也应尽量避免。

4. 空间布局方面，如无必要，尽量少做硬质隔断，如一定要做，应考虑用轻透的材质，或用镂空屏风。

如何运用光源分割
客厅功能区域

　　客厅往往承担多种功能，会客、视听、阅读、用餐等，内部空间的分割采用"开放式"设计，空间秩序的梳理则用灯光来完成，这是在整体照明的基础上，通过局部照明形成不同的照度，让各个区域出现不同的光气氛、光效果，达到划分不同区域的目的。一般来说，会客、视听、阅读共用一个区域，当作为会客区时，采用一般照明来达到一定的照度；而作为视听区时，灯光重点应该放在电视背景墙，而且光线要柔和；作为阅读区域时，则需要用台灯或落地灯做重点照明，加强照度；当就餐时，则使用餐桌上方的重点照明。这样，自然让空间出现了"隔断"。

①麻布软包 　②白橡木饰面板　③浅啡网大理石　④山水纹大理石　⑤釉面砖　⑥大花白大理石

①黑镜　②水曲柳木地板　③微晶砖　④微晶砖　⑤木纹洞石　⑥柞木地板　⑦木纹洞石　⑧肌理漆

巧用油漆扩大视觉空间感

墙面刷白色油漆有扩大视觉空间感；墙面涂上彩色油漆，颜色若挑选得宜，也能做出深度感，拉大空间的视觉效果。比如，房间太狭长，若在远端的墙壁涂上较深的颜色，可给人空间长度缩小、变得较方正的感觉；若房间太小太方正，不妨给墙面选用浅色或偏冷的色系，当然也可以将四周的墙面和天花板，甚至细节部分如门框、窗框都漆成相同的颜色；顶棚太高，要降低顶棚的视觉高度，可用比墙面温暖、深浓的色彩来装饰顶棚，但必须注意色彩不要太暗，以免使顶棚与墙面形成太强烈的对比，给人塌顶的错觉；顶棚太低，在这种情况下，顶棚的颜色最好用白色，或用比墙面淡的色彩以"提升"墙顶，用条木装饰顶棚也行，可给顶棚带来动感。

①

②

零居室顺势而为依需设计

　　零居室，指的是有独立的厨房和卫生间，但客厅、卧室、餐厅没有进行分隔，都在一个大开间里，一般面积较小。零居室多是狭长形，如果将空间进行分隔，卧室肯定是临窗的那一面，分隔时需注意不要挡住光线，以免客厅和餐厅采光太差。软隔断的透光和通风性较好，但私密性相对会差一些。玻璃砖既美观，透光性也很好，也有艺术气息，只是造价相对较高。木制隔断可以是雕花样式，也可采用几张宽度一致的大芯板，将其固定在卧室与客厅之间。此外，还可以利用不带背板的展示柜、书柜等家具来分隔，或仅是利用对比色来实现空间分隔，让空间更具个性。

①木纹砖 ②无纺布壁纸 ③浮雕漆 ④釉面砖 ⑤水曲柳木地板 ⑥仿大理石瓷砖 ⑦砂岩文化石 ⑧

①沙比利木饰面板

②玉石

③仿古砖

④灰镜

⑤微晶石

⑥中花白大理石

装修中最不能省的钱

一是花在室内电气材料方面的钱不能省，漏电保护器、导线、开关、插座、布线管等电气线路的安装最容易出现安全隐患，而且其隐蔽后不容易进行检修，所以保证电气材料的高质量至关重要。

二是上下水道系统的钱不能省，阀门、水龙头天天使用，多花百把元钱，至少买上国产名牌货，水管和配件用合格的产品，可为你带来生活的方便。

三是购买绿色环保装饰材料的钱不能省。家居装修最大的隐患之一就是装饰材料挥发出的有害气体、辐射，这些都是无形的杀手，所以不能为了省钱购买那些劣质的非环保的材料。

1 肌理壁纸　2 麻布壁纸　3 松木板条　4 金世纪米黄大理石　5 银镜车边　6 白橡木线条密排　7 枫木饰面板　8 麻布壁纸

知道材料禁忌，装修更轻松

涂料忌有"香味"：涂料大多含有苯等挥发性有机化合物以及重金属。市场上有部分伪劣的"净化"产品，通过添加大量香精去除异味，实际上起不到消除有害物质的作用。

地板忌用一种：比如实木地板有油漆，易造成苯污染；复合实木地板含甲醛，单一使用一种地板材料有可能导致某一种有害物质超标，建议客厅铺瓷砖，卧室、书房用实木地板，搭配使用对健康更有利。

家具忌有裸露面：裸露材料会导致有害物质释放，因而要检查家具有没有裸露的端面。从家具厂订做的家具要求全部封边，这样就可把甲醛封在里面，板材也要选择双面板。

①

②

不可取的装修误区

1. 壁柜做满墙不可取。因为壁柜要使用大量的板材和胶、漆类产品，环保方面很难保证。

2. 用木框包装墙裙会多占用空间，也不可取。素净的墙面可以随意搭配家具，或者在墙面贴上不同颜色和图案的环保壁纸，不喜欢再更换也很方便。

3. 石膏吊顶太多不可取。房子一般举架（层高）为 2.6 米左右，如果吊石膏顶，再铺上地板，使用空间会减小。另外，石膏用久了会发生粉化和下陷，最好采用局部吊顶。

4. 窗帘盒到处可见不可取。窗帘杆逐步取代窗帘盒，已经成为一种趋势。窗帘杆平时易于打理，维修起来也更方便，加上窗帘杆本身就具有一定的装饰作用，是目前装修不错的选择。

③

◎主要装饰材料

①实木复合地板　②阿曼米黄大理石　③灰网纹大理石　④奥松板　⑤斑马木饰面板　⑥榆木地板　⑦米黄洞石　⑧仿大理石瓷砖

①麻布壁纸　②麻布软包　③肌理漆　④斑马木饰面板　⑤黑胡桃木窗根　⑥玻化砖　⑦中花白大理石　⑧金世纪米黄大理石

⑥

⑦

做好规划精选壁纸

选壁纸要做好规划，首先根据装修风格确定壁纸的颜色和图案，尽量避免色彩污染；同时注意选择耐磨性良好、易于保养、污渍方便清除的壁纸。其次，提前测量墙面壁纸铺贴面积，壁纸常见的规格是 0.53 米 ×10 米，壁纸存在 8% 左右的合理损耗，大花壁纸的损耗更大，采购时应留出消耗量，可减少浪费。最后，壁纸的辅材挑选也很重要，壁纸的辅材有基膜、胶粉、胶浆，壁纸环保性能好的同时须注重辅材的环保质量，以其最大程度地避免甲醛等有害物质的污染。建议选择拥有成套系统的品牌，配套使用不仅效果好，而且功能全面兼节省。

⑧

装修必知的安全问题

1. 家庭装修中需注意楼房地面不要全部铺装大理石，否则过重的地面装饰有可能使楼板不堪重负。

2. 不得随意在承重墙上打孔、拆除连接阳台和门窗的墙体，以及扩大原有门窗尺寸或者另建门窗，这种做法易在无形中降低墙体的承重能力，严重影响抗震能力。

3. 选择电线时要用铜线，忌用铝线。另外不能直接在墙壁上挖槽埋电线，应采用正规的套管安装，以避免漏电而引发火灾。

4. 要保证燃气、电器、水路管道和设备的安全要求，不要擅自拆改管线，以免影响系统的正常运行。如果要改造，也一定要根据安全规范标准进行设计。

◎主要装饰材料 ･･･････････････ ●

 ①红胡桃木格栅 ②有色乳胶漆 ③红胡桃木饰面板 ④木纹洞石 ⑤柚木地板 ⑥沙比利饰面板 ⑦大理石瓷砖 ⑧中花白大理石

①斑马木饰面板　②中花白大理石　③灰洞石　④肌理漆　⑤植绒软包